Marcel DUBOURDIEU

La

Race de volailles

Landaise

Son aire géographique
=== Son origine ===
=== Ses caractères ===

BORDEAUX

IMPRIMERIE Y. CADORET

17, Rue Poquelin-Molière, 17

—

1922

PRIX : **1** fr. **15**, *franco*
CHEZ L'AUTEUR
à Cazaux (Gironde).

Marcel DUBOURDIEU

La
Race de volailles
Landaise

Son aire géographique
=== Son origine ===
== Ses caractères ==

BORDEAUX
IMPRIMERIE Y. CADORET
17, Rue Poquelin-Molière, 17

—

1922

La

Race de volailles Landaise

Connaissez-vous la race de volailles dite la Landaise? Si vous êtes du Nord, du Centre ou de l'Est, voire même de Marseille, je ne serais nullement étonné que vous répondiez non! Mais si l'Ouest et le Sud-Ouest surtout ont eu l'heur de vous voir naître, je serais très surpris qu'un jour ou l'autre, vous n'en ayez entendu parler. Il est vrai que de là à bien la connaître, il y a une assez longue étape à franchir. Quoi qu'il en soit, comme tout arrive ici-bas, même de connaître la Landaise, je veux bien, puisqu'on m'en a aimablement prié, vous aider à franchir cette étape, et serais heureux de faire connaître à ceux qui ignorent, ou de compléter les notions de ceux qui savent un peu déjà, ce qu'est cette bonne race. J'aurai d'ailleurs, en le faisant, le malin plaisir de faire mentir un proverbe.

Qui donc a osé dire que les peuples heureux n'ont pas d'histoire? Faut-il être Gascon pour affirmer chose pareille! Car *si parva licet componere magnis*, en traduction large, s'il est permis de comparer une race de volailles à un peuple, — et pourquoi pas? — vous verrez un peu si la Landaise est une heureuse, très heureuse même, bien que possédant une histoire, et même très vieille histoire. Vivant dans les bois, tranquille, sans crainte des autos, des chemins de fer, des chasseurs, — il y aurait bien le renard, parfois, mais elle est si maline ! et sait si bien lui échapper ! — passant son existence loin du bruit, des chicanes, ayant un bon garde-manger, ignorant même les combats de coqs, — entendez-vous, gens du Nord ? — on irait presque jusqu'à croire, je n'ose l'affirmer cependant, que notre bon La Fontaine pensait à elle quand il écrivait : « Pour vivre heureux, vivons cachés. »

En écrivant cette histoire, ou monographie si vous aimez mieux, je n'ai pas l'intention de faire monter votre intérêt pour la Landaise jusqu'à l'admiration, voire même jusqu'à l'enthousiasme ; je ne voudrais, pour rien au monde, vous inciter à déroger aux maximes de la sagesse, qui nous prescrit la maîtrise de nos impressions et l'indépendance dans nos jugements.

La seule pensée qui m'a guidé, en présence des progrès réalisés, surtout ces dernières années, dans le domaine avicole, soit au point de vue de l'élevage, soit de la connaissance plus approfondie des races et de leurs ressources, a été celle d'ajouter une page, bien mal écrite, et je m'en excuse, au Grand Livre de l'Aviculture. Je m'estimerais très satisfait si elle peut intéresser cependant les nombreux amis des volailles, et faire connaître et apprécier à ceux qui la connaissent mal ou ne la connaissent pas du tout, une ignorée, parmi nos vieilles richesses avicoles.

Quand on quitte Bordeaux pour se diriger vers le département des Landes, soit qu'on y accède par Pessac, soit par Langon et Bazas, on pénètre, en moins de deux heures, dans les immenses *pignadas* qui couvrent environ le cinquième du territoire girondin et les trois quarts du sol landais.

En parcourant ces longues routes solitaires, bordées de chaque côté par de vertes et profondes pinières, routes en général très droites et dont il semble qu'on n'atteindra jamais l'extrémité, on se sent tout impressionné par cette nature d'un nouveau genre et d'une mélancolique grandeur.

Au printemps, quand la gemme commence à couler sur

le tronc des pins, saigné par les premiers coups de *pique* du résinier, quand les bourgeons éclatent et se développent à l'extrémité des branches, on se croirait transporté sous les voûtes élevées et mystérieuses d'un sanctuaire tout imprégné des senteurs balsamiques de l'encens. Pendant l'été, le silence de ces immenses sous-bois n'est troublé que par le strident concert des cigales : ces pauvres bestioles ont choisi ces solitudes profondes, où rien ne viendra les interrompre, pour chanter à leur manière la joie de vivre quelques jours.

Puis, ce sont les grands vols de palombes qui, au moment de la migration automnale, telles de nombreuses et légères escadrilles, survolent ces interminables *pignadas*, non pas, toutefois, sans y laisser beaucoup de plumes ; car nul n'ignore, de Bordeaux à... Marseille, que le Landais est un passionné pour la chasse à la palombe, et peu nombreux sont ceux qui, de grand matin jusqu'au soir, ne désertent le foyer familial pour passer la journée à la *paloumeyre*, depuis la saint Michel jusqu'à la saint Martin.

Malgré l'hiver, la forêt ne change pas d'aspect, mais le vent en agite sans cesse les cimes, et comme de gigantesques orgues, sous les doigts d'un mystérieux et puissant organiste, elle fait écho, en une grave et ininterrompue mélopée, aux sourds grondements de l'Atlantique dont les immenses vagues viennent déferler sur les plages des Landes.

De loin en loin, disséminées dans les sous-bois, d'humbles cabanes abritent le résinier et sa famille. A l'orée d'un petit village, ou même souvent seule, et comme épinglée en bordure du long ruban des routes, on rencontre l'auberge classique, rendez-vous quotidien, ou pour parler plus exactement, halte obligatoire des muletiers qui viennent y *siffler le chaoupet* (1) pendant que les mules se contentent de... souffler devant la porte ; abritée par des chênes sécu-

---

(1) On appelle chaoupet, dans une grande partie des Landes, la chopine ou demi-litre.

laires ou des pins en parasol, elle est comme une oasis au milieu de ces immenses étendues de pins.

Parfois, assez souvent même, des touristes en auto ne dédaignent pas de s'y arrêter à midi ; quelques-unes jouissent, depuis longtemps déjà, de la réputation de bien traiter les passants. Ces derniers y trouvent toujours un déjeuner qui, sans avoir été commandé, n'en est pas moins pour cela d'une confortable improvisation. Et j'ose dire, lorsqu'on a avalé des kilomètres pendant toute une matinée, on ne boude pas devant une soupe aux choux, une omelette d'œufs bien frais, un confit d'oie ou de canard se prélassant sur un canapé de légumes retirés du pot, et un poulet landais vivement occis, plumé, vidé, flambé et sauté soit nature, ou à la persillade, ou à l'oignon : le tout arrosé d'un petit *piquepout* (1) qui, sans valoir un « Yquem » ou un « Guiraud » sait trouver le secret de délier les langues, et, sans qu'il soit besoin d'un vote parlementaire ou d'un conseil des ministres, d'amnistier la mélancolie. Ajoutez-y un café, un vieux *Bas-Armagnac* très authentique, et je vous jure que pour le même prix, comme aurait dit feu Pierre Dupont, « ils n'en ont pas en Angleterre » et j'ajoute, même à Paris.

Vous dirai-je que le clou de cet appétissant déjeuner est le poulet landais ? et que sa saveur spéciale lui acquiert l'unanimité des suffrages ?

Pardonnez-moi cette longue entrée en matière, ou plutôt... dans les Landes, pour arriver à vous dire, tout simplement, qu'il y a un poulet landais ou mieux une race *Landaise*, si vous ne le savez déjà.

Je ne prétends pas vous laisser croire que tous les poulets que vous mangerez dans les Landes ou même que vous achèterez sur les marchés célèbres de Mont-de-Marsan, Dax, Villeneuve, Roquefort, Saint-Justin, etc., etc., seront de pure race Landaise, oh ! certes non, car là, comme dans tous

---

(1) On appelle piquepout un vin blanc un peu âpre, mais très agréable, provenant du cépage appelé *folle-blanche* ou *piquepout* et dont la distillation produit l'*armagnac*.

les pays, la fraternité des races de volailles est loin d'être
un mythe comme la fraternité des peuples; mais j'attire
votre attention sur ceci, c'est que, soit dans les marchés
hebdomadaires des chefs-lieux de cantons, soit dans les
fermes et métairies landaises des régions du pays d'Orthe,
landes du Bas-Armagnac, Grande-Lande, Marensin, et jusqu'aux confins du Bazadais (1), vous trouverez, parmi des
tas de volailles de toutes les couleurs, de toutes les formes
et de toutes les tailles, une variété de poulets noirs ou gris,
d'un type bien défini, se reproduisant très bien malgré des
croisements antérieurs, et restant toujours ce qu'on les
voyait, il y a une cinquantaine d'années, et tels que les
vieux d'alors affirmaient les avoir toujours vus.

De taille moyenne, à squelette léger et à pattes fines,
cette variété est vive, alerte, vit dans les bois, perche sur
les arbres, est presque aussi rusée que le renard et n'hésite
pas, pour lui échapper à s'envoler, comme un faisan, sur les
cimes des pins.

Pondant beaucoup, mais, si on n'y prend garde dérobant
souvent ses œufs; trouvant le moyen, malgré les bêtes
puantes, de réussir quatre fois sur cinq, à ramener à la
ferme une nichée de poussins couvés dans quelque buisson.
Cette race est la Landaise.

Les fermiers landais la désignent souvent sous le nom
de *Poule aouárte* (2) ou poule sauvage. Dans le Sud-Ouest,
on a toujours appelé cette volaille race Landaise, en raison
de l'aire géographique sur laquelle on la trouve presque
exclusivement.

Elle comprend deux variétés : la *noire* et la *grise*. Je
n'hésite pas à croire et à affirmer que la Landaise est sœur

---

(1) On appelle pays d'Orthe, Grande-Lande, landes du Bas-Armagnac,
Léon, Chalosse, des régions du département des Landes.

(2) Le mot *aouárte* est certainement une corruption du vieux mot gascon
aoularde qui signifie, en effet, sauvage. Au temps de la première croi-
sade, on disait : *Une femme aoularde*, dans le sens de peu sociable.
L'origine de ce mot semble dériver du patois catalan, qui, lui-même, était
un patois de la langue d'oc.

de la Caussade, de la Gasconne et même de la Bresse, malgré la distance qui la sépare de cette dernière.

Pour étayer cette affirmation, je crois utile ici d'ouvrir une parenthèse historique.

Nul n'ignore qu'au début du viiie siècle, les Sarrazins ou Maures, après leur pénétration en Espagne, occupèrent l'Aquitaine et la Gascogne. Lorsque Charles Martel les écrasa, à Poitiers, en 732, ils étaient déjà, depuis de nombreuses années, fixés dans le centre de la Gaule et jusque sur les confins de la Bourgogne et du Dauphiné.

Nous savons également que ces invasions étaient le déplacement de tribus entières; tout marchait à la fois : guerriers, vieillards, femmes, enfants, chevaux, troupeaux, volailles. Ces dernières assuraient, avec les troupeaux, la subsistance de ces hordes barbares.

A cette époque, il y avait, sans nul doute, en Espagne, des races de volailles; plusieurs historiens avicoles mentionnent même la race espagnole comme une des plus anciennes. Il est également certain que la race espagnole moderne s'est transformée, mais elle a conservé son plumage noir, ses oreillons blancs qui servent encore à caractériser telles ou telles races qui en sont vraisemblablement issues.

Les Maures emmenaient avec eux tout ce qu'ils pouvaient piller et surtout ce qui, dans leurs raffes, constituait les provisions du garde-manger. Il n'est donc pas difficile de comprendre comment la race espagnole pénétra, et se répandit en France avec l'envahisseur. Quelles raisons pourrait-on donner pour prouver que *la Bresse* elle-même n'est pas arrivée chez elle de cette façon et peut revendiquer une autre origine?

L'invasion dans le centre de la Gaule, jusqu'en Dauphiné, fut relativement courte, un peu plus d'un demi-siècle; mais elle suffit pour expliquer les importations diverses qu'y purent faire les Barbares.

Après la bataille de Poitiers, poursuivis par Charles Martel, les Maures se retirent en Espagne et se fixent dans la Navarre, la Catalogne, l'Aragon, la Castille, où ils restèrent pendant sept siècles jusqu'à la prise de Grenade en

1492, sous le règne de Ferdinand et Isabelle. Durant ce long séjour de près de sept siècles, on est en droit de supposer que les Maures ne gardèrent pas constamment un scrupuleux respect des frontières; nous savons même par des documents historiques ou provenant d'archives régionales, que plusieurs tribus dissidentes s'établirent dans le pays d'Orthe, le Marensin, la Grande-Lande, les Landes de Gascogne et jusque sur les confins de la Gironde.

Pour corroborer cette affirmation, ne trouve-t-on pas encore, de nos jours, des traces indiscutables de leur séjour dans nos régions? Un grand nombre de familles de ces différents pays des Landes portent les noms de Mora et de Dumora; une quantité d'hommes et surtout de femmes landaises possèdent physiquement le type maure le plus pur qui puisse exister. Il suffit d'avoir traversé les Landes pour s'en convaincre. En outre, dans le Marensin, le pays de Born, la Grande-Lande, le Léon, tout le monde a connu de célèbres élevages de chevaux landais, l'un d'eux à Uza (Born), chez le marquis de Lur-Saluces; or, d'où le cheval landais a-t-il tiré son type, sinon du cheval arabe?

Pourquoi donc, seule, la race de volailles amenée par les envahisseurs n'aurait-elle pas laissé de traces? Et pourquoi l'idée du métissage des volailles maures avec l'espagnole, ne serait-elle qu'une hypothèse, alors que nous retrouvons dans la race qui fait l'objet de cette causerie, des caractères communs à la volaille arabe et à l'espagnole?

La race Landaise est d'une conformation à peu près analogue à la Caussade, à la Gasconné et à la Bresse. Les seules différences viennent de l'oreillon légèrement teinté jaune et de la couleur des pattes qui ont, sous la couleur noire, une transparence jaunâtre rappelant presque à s'y méprendre la couleur de la patte de la pintade. Quel élément a porté cette coloration jaunâtre toute spéciale qui existait déjà bien avant l'introduction de la Leghorn en France? Tout le monde sait, d'ailleurs, que le jaune des pattes de la Leghorn est tout à fait récent; originairement, elles étaient vertes; la coloration actuelle est le résultat de l'élevage américain.

Tandis que la poule arabe, dans son plus ancien type, est une volaille grisâtre, à pattes d'un jaune orange, plus petite que la Landaise, il est vrai, mais comme elle, vive, alerte, vagabonde, bonne pondeuse.

Je trouve, pour ma part, que l'énumération de ces caractères et particularités justifie pleinement l'opinion que je défends ici, partagée par beaucoup de propriétaires-éleveurs landais, c'est-à-dire que la Landaise est le produit du métissage de la vieille poule espagnole avec la poule arabe ou maure. J'ajoute, pour être complet, que la variété grise landaise possède tout le type et les caractères de la variété noire avec la couleur de la poule africaine. Une autre preuve de cette assertion réside dans le fait qu'on ne rencontre pas ordinairement cette race dans d'autres régions des Landes, la Chalosse par exemple, et certaines de la Gascogne, pour la raison très facile à comprendre que si les Maures y ont passé, ils n'y ont pas séjourné, et surtout n'ont laissé aucune trace de leur passage ou très peu.

Ils avaient trouvé dans les immenses landes du Léon, du Marensin, de la Grande-Lande, etc., une région où ils n'étaient pas inquiétés; ils ne se hasardèrent donc pas au delà des limites de ces landes, tandis que la Chalosse, pays plus riche, la Gascogne plus accidentée, la Guyenne également, étaient des contrées plus habitées et où une grande quantité de châteaux fortifiés les tenaient en respect.

Cela permit aux races dénommées Caussade et Gasconne de garder leur caractère originel et de prospérer plus ou moins selon les ressources de leur aire d'habitat. La Caussade, vivant dans un pays accidenté où la dépense physique est plus grande, est restée une volaille plus petite; la Gasconne, sur les plaines riches et fertiles de la Garonne, est devenue plus bourgeoise, plus forte, plus massive, les tempéraments et les caractères subissant les lois d'adaptation au sol, au climat et à l'altitude.

On pourra m'objecter ici qu'on trouve fréquemment, dans la Grande-Lande surtout, des volailles tout à fait dans le type et la couleur de la *Landaise* noire ou grise, mais dont les pattes sont complètemént jaunes. Beaucoup de Landais considèrent même des volailles comme de véritables *Landaises*. Ont-ils tort? Ont-ils raison? Je ne vais pas jusqu'à dire qu'ils ont complètement tort, car, en somme, c'est le type surtout qui caractérise une race, et je vois même dans cette particularité assez répandue une confirmation à ma thèse du croisement de la poule maure, d'autant plus que ce jaune se rapproche beaucoup comme nuance du jaune de la poule africaine qui est d'une teinte orangée, tandis que le jaune de la Leghorn est plutôt jaune citron.

Je pourrais citer également une autre race de volailles trahissant, elle aussi, une parenté incontestable avec les volailles des invasions maures et dont la couleur des pattes est de même nuance que celles des poules africaines, c'est la race castillane dont un éleveur, M. G. Marco, de Sax-Alicante (Espagne), exposa de fort jolis sujets à Paris, en 1921.

Mais pour en revenir aux *Landaises*, je crois devoir me ranger à l'opinion la plus accréditée auprès de la majorité des propriétaires et éleveurs landais, opinion certainement plus conforme à la tradition, c'est que la *Landaise* ayant conservé une plus forte dose de sang indigène, le facteur qui, incidemment, est venu opérer sur ce sang, n'a fait que laisser des traces, sans détruire ou annihiler, modifiant seulement à peine des caractères essentiels. Aussi, je maintiens, jusqu'à preuve du contraire, que la couleur des pattes est un revêtement noirâtre laissant apercevoir le jaune en transparence.

Durant trois années passées, récemment, dans le département des Landes, je fus frappé de retrouver dans beaucoup de fermes quelques sujets très typiques de cette race bien conservée. Je fus même étonné de reconnaître, sans modifications appréciables et autant que mes souvenirs pouvaient être fidèles, le même type de volailles que, jeune collégien, je voyais, il y a plus de quarante ans, chez un camarade des landes du Bazadais, avec lequel je passais une partie des vacances, et dont le père, un des principaux meuniers du pays, en entretenait plusieurs centaines aux alentours de son moulin.

Je retrouvais donc, dans une région pas très éloignée du Bazadais (30 kilomètres environ), c'est-à-dire dans la même aire géographique, une vieille connaissance de la variété noire. Je dois dire également avoir trouvé plusieurs sujets isolés de la variété grise et excessivement typiques; mais comme je n'ai pas parcouru de très grandes étendues, je suis loin de conclure que je n'aurais pas trouvé de-ci ou delà, quelques lots très intéressants de cette variété.

Cette trouvaille me donna l'idée d'élever exclusivement la Landaise, pour la répandre davantage, et, par des sélections très suivies, de contribuer à doter d'un état civil officiel cette vieille race qui a traversé des siècles avec les caractères spéciaux de son origine. J'eusse été heureux, je l'avoue, d'ajouter un nom de plus à nos vieilles gloires avicoles nationales.

Malheureusement, je n'ai pu mettre mon projet à exécution. Après un séjour de trois ans dans les Landes, à la suite de circonstances qui m'ont démontré, une fois de plus, que l'amitié est un fossile de l'âge tertiaire, et que les services rendus rendent malhonnêtes, bien souvent, ceux qui en bénéficient; je quittai cette région et renonçai, momentanément du moins, à élever des Landaises. Toutefois, ayant pu me procurer quelques poules et deux coqs très typiques, je me suis décidé à les exposer, en parquet, à Bordeaux, en 1921.

Mon but n'était point de les faire primer, sachant bien que pour être jugée, une race doit posséder un standard officiel et la *Landaise* n'en a pas. Je tenais surtout à la faire connaître.

J'eus, en cette circonstance, la satisfaction de voir que ces volailles étaient surtout remarquées par des amateurs landais qui reconnaissaient en elles des *payses*, et plusieurs ne me cachèrent pas le plaisir qu'ils avaient à voir remettre en place une richesse régionale. J'aurais pu vendre cinquante fois au moins les deux parquets exposés, si j'avais voulu. J'ajoute avec plaisir qu'un des juges de l'Exposition, le sympathique et compétent docteur Ramé, trouvant ces volailles intéressantes, me conseilla vivement d'en rédiger

le standard et de le soumettre à la Société centrale d'aviculture.

Je me décidai donc à écrire ces notes et à faire connaître
les caractères de la Landaise. Je veux espérer qu'ils inté-
resseront les amateurs désireux d'élever cette race. Sans
nul doute, à côté de ses sœurs, la Gasconne et la Caussade,
la Landaise attestera, une fois de plus, que le sol français
recèle des richesses, même dans les contrées qui semblent
pauvres et déshéritées.

Les quelques sujets que j'ai ramenés des Landes ont été
cédés à M. J. Fort, propriétaire du domaine de Villemarie,
à La Teste (Gironde), sur la limite du département des Landes,
et vont servir de point de départ à un très important élevage
industriel, pratiqué d'après les méthodes canadiennes et où
la race Landaise sera exploitée soit au point de vue ponte,
soit pour la production du poulet de consommation. J'ai
l'intime persuasion qu'elle va faire un pas de géant et occuper
d'emblée la place qu'elle mérite parmi les meilleures.

Quels sont, à proprement parler, les qualités et caractères
précis de cette race?

Son histoire dépeint son caractère. Rustique au dernier
chef, elle prospère et donne des résultats merveilleux dans
les contrées siliceuses, pauvres et arides.

Dans les Landes, les fermières ignorent la confection des
pâtées; elles jettent le matin, devant la porte, quelques
poignées de maïs, de sarrazin, de seigle ou de millet, en un
mot, le grain récolté à la ferme. Quand la volaille en a
compté scrupuleusement tous les grains, elle s'éparpille
dans les bois où elle trouve une quantité d'insectes, graines
de pin, mûres sauvages et ces mille choses qui constituent
la base de la nourriture du gibier et donnent au poulet landais ce goût spécial, cette saveur particulière rappelant à
s'y méprendre, celle de la pintade, une vagabonde elle
aussi.

Le soir, toute la gent ailée regagne la ferme, et vous la
verriez alors s'envoler sur les branches des arbres qui avoi-
sinent la maison ou les étables. Là, hiver comme été, elle
passera la nuit à la belle étoile, balancée par le vent,

mouillée par la pluie ou couverte par la neige, peu lui importe. Elle aperçoit parfois maître renard qui vient au pied du poulailler aérien tenter un mauvais coup. Mais là-haut tout le monde dort et reste sourd à ses discours.

Comme ponte — et c'est surtout ce qui est intéressant — la Landaise est une machine à œufs. Elle couve assez facilement, sans exagération cependant; elle mène sa couvée avec une sollicitude comparable à celle de la perdrix; défend ses poussins avec un courage étonnant et quand ceux-ci ont six à sept semaines, elle se remet à pondre tout en continuant à les conduire.

Voici une constatation que j'ai faite, moi-même, sur quatre poules landaises qui m'avaient été portées en redevance de métayage. Elles avaient été choisies sur un troupeau de plus de deux cents têtes de toutes couleurs, mais comme se rapprochant le plus du type landais. J'ignorais, bien entendu, l'origine de ces poulettes, il n'y avait pas, d'ailleurs, à en faire état.

L'une d'elles a pondu 286 œufs; deux autres pondant dans le même nid ont fait 613 œufs; la quatrième en a pondu 220, mais en a dérobé pas mal, puis, après avoir disparu plusieurs semaines, est revenue avec quatorze poussins. Les deux poules du second lot ont pondu en pleine mue et l'une d'elles presque entièrement dénudée.

Ce n'est d'ailleurs un secret pour personne que le département des Landes est un de ceux qui exportent le plus d'œufs. Pour s'en convaincre, il suffit d'avoir fréquenté tant soit peu les marchés de Mont-de-Marsan, Dax, Villeneuve, Roquefort, Saint-Justin, etc.

La race Landaise n'est pas du tout une race de parquet, les clôtures n'améliorent pas ses qualités naturelles; convenez d'ailleurs qu'il les faudrait assez hautes pour l'empêcher de les franchir. Elle n'a aucune vocation pour le cloître. Toutefois, elle vit bien autour de la maison, surtout si cette dernière est à proximité de buissons et de broussailles, où elle aime, sans trop s'écarter, à aller gratter et rechercher sa nourriture. Par exemple, je vous donnerai le conseil de bien clôturer votre jardin. Comme toutes les volailles, en général, et les races vagabondes, en particulier, la Landaise n'a aucune des qualités requises par l'*Almanach du bon jardinier*, pour mettre en valeur une culture maraîchère. Vos planches de salades, semis de toutes sortes, rangs de choux, etc., n'auraient pas à se louer de sa visite. Que voulez-vous? C'est une vagabonde, dans ses veines coule du sang de pirates et de pillards; or, son tempérament ne peut que s'en ressentir. « Bon sang ne sait mentir. »

Mais cet inconvénient ne nuit en rien aux qualités de l'oiseau; il est compensé par tant d'autres bonnes choses qu'il lui sera beaucoup pardonné.

Je ne crois pas que dans nos régions landaises ou à proximité, il y ait une meilleure productrice d'œufs et de poulets exquis et précoces. Je ne sais ce qu'elle donnera ailleurs, ici elle est hors pair; car il ne faut pas juger trop vite la valeur d'une race quand on la transporte loin de chez elle.

Je lisais dernièrement que des sélections suivies de la Bresse noire, faites en Angleterre, avaient fourni des lignées dont le record de ponte dépassait rarement 200 œufs. Des éleveurs anglais estiment que la Bresse se comporterait mieux, comme pondeuse, dans le sud de la France; et on ajoutait : « Cette thèse est défendable si on se réfère aux résultats donnés par la Caussade et la Gasconne. Pourquoi ne pas tenter l'essai? » Je ferai humblement remarquer à l'auteur de ces lignes que l'essai est fait. La Bresse, la Gasconne, la Caussade sont sœurs de la Landaise et leur record de ponte, *dans leur région*, est bien supérieur à 200.

Un des grands torts de l'amateurisme en élevage est de s'ériger promptement en juge d'une race qu'on sort de son aire d'habitat et surtout *d'origine*. On exige d'elle, sans tarder, un maximum de rendement, et on oublie que l'acclimatation joue un rôle prépondérant dans ce rendement, qu'elle est souvent elle-même le résultat d'une longue patience, et que pour réussir il faut savoir se contenter, longtemps peut-être, d'un modeste revenu.

Quand l'exemple de Vaulx-en-Cernay aura fait un peu tache d'huile, et que les différentes régions du sol français où prospèrent des races méritantes et dignes de fixer l'attention auront elles aussi, et sous leur climat, de semblables stations d'expérience, peut-être sera-t-on étonné de voir certains records dépassés et des révélations intéressantes sortir de leur enveloppe.

Si j'en crois mon pressentiment, quand la Landaise aura fait pendant trois ou quatre ans l'objet d'un élevage suivi et d'une sélection intelligente, je lui promets que, même à Vaulx-en-Cernay, c'est-à-dire loin de chez elle, elle tiendra hardiment son bout, et toujours maline comme un « Landousquet », il se pourra qu'elle fasse aisément la « pige » à la Leghorn et à la Wyandotte.

Un sympathique et très méritant éleveur écrivait l'an dernier, à l'occasion de la première descente des Landaises dans l'arène — où elles ne devaient cependant pas concourir, — qu'il ne voyait pas personnellement une différence entre la Landaise et la Caussade, voire même la Gasconne; il aurait pu ajouter et la Bresse. Mais, cher Monsieur,

> Nous partageons le même avis,
> Et sommes faits pour nous entendre.

Il y a exactement entre elles la différence qu'il y a entre quatre sœurs qui se ressemblent. Si la dernière reconnue, quoique née depuis des siècles, n'a pas encore son état civil, c'est pure négligence du *secrétaire*. Mais l'oubli sera réparé avant longtemps, ce n'est qu'une question de jours; et soyez persuadés, chers lecteurs, que la Landaise saura faire honneur à sa famille en ajoutant un rayon de plus à la gloire de nos races nationales.

Voici comment j'établirai le standard de la Landaise :

Chez le coq. — *Tête* moyenne, mais pas trop forte. *Bec* court et à peine recourbé. *Œil* vif et très foncé. *Crête* simple, de 5 à 6 centimètres de hauteur, avec crétillons assez découpés, portée très droite, attachée solidement sur la tête et se détachant un peu de la nuque. *Barbillons* moyens et rouges. *Oreillons* blancs très légèrement teintés jaune, bien séparés de la face. *Cou* gracieux et droit. *Camail* assez fourni, sans trop cependant. *Corps* large. *Poitrine* portée assez en avant. *Dos* pas très plat et assez large, pas trop allongé et droit. *Ailes* bien collées au corps. *Queue* assez volumineuse et formant le plus possible angle droit avec le dos. *Faucilles* pas excessivement développées. *Plumage* noir uniforme, légèrement velouté aux couvertures des ailes, reflets brillants, mais pas métalliques. *Pattes* fines et lisses, noires, avec légère transparence jaunâtre, droites, pas trop serrées. *Doigts*, quatre, bien écartés. *Ongles* courts, couleur corne. *Plante des pieds* couleur ocre jaune. *Aspect général* élégant, pas compact, mais donnant l'idée d'une volaille bien soudée. *Poids*, 2 à 3 kilos.

Chez la poule. — *Tête* fine. *Crête* fine, dentelée et retombant sur le côté. *Oreillons* petits, blancs, mais légèrement teintés jaune. *Corps* un peu allongé. *Bassin* large, avec « cul d'artichaut » développé. *Queue* fournie et assez ouverte. *Peau* fine et blanche. *Plumage* noir brillant, mais pas métallique. *Poids*, 2 kilos environ.

Les défauts à éviter sont la queue d'écureuil et les pattes jaune *soufre*. La prédominance du jaune orangé sur le gris, n'est pas une disqualification.

Pour la variété grise, le type, c'est-à-dire la ligne, l'aspect, l'allure sont les mêmes que dans la variété noire. Comme couleur, le coq ressemble assez comme plumage au coq Bresse gris, cependant avec le camail moins blanc et fortement rayé de gris; les couvertures des ailes sont également beaucoup plus grises. La poule ressemble, comme plumage, à la poule Dorking argentée. Les pattes, chez le coq et la poule, sont noires, mais avec accentuation plus forte de la transparence jaunâtre que dans la variété noire.

Si ces quelques lignes peuvent décider des amateurs de volailles, placés dans les conditions voulues, à tenter l'élevage de la *Landaise*, ils ne s'en repentiront pas, j'en suis sûr; et moi-même n'aurai pas perdu mon temps en les écrivant.

Cazaux (Gironde), novembre 1922.

39.734. — Bordeaux, impr. Y. CADORET, 17, rue Poquelin-Molière.